北京动物园

丛一蓬　张成林——主编
张立洋——绘

中信出版集团 | 北京

图书在版编目（CIP）数据

随身携带的动物园. 北京动物园 / 丛一蓬, 张成林主编 ; 张立洋绘. -- 北京 : 中信出版社, 2024.8
ISBN 978-7-5217-6488-8

Ⅰ. ①随… Ⅱ. ①丛… ②张… ③张… Ⅲ. ①动物园－介绍－北京 Ⅳ. ①Q95-339

中国国家版本馆CIP数据核字（2024）第067141号

随身携带的动物园：北京动物园

主　　编：丛一蓬　张成林
绘　　者：张立洋
出版发行：中信出版集团股份有限公司
（北京市朝阳区东三环北路27号嘉铭中心　邮编　100020）
承 印 者：北京尚唐印刷包装有限公司

开　　本：889mm × 1194mm　1/20　　印　　张：2　　字　　数：80 千字
版　　次：2024 年 8 月第 1 版　　印　　次：2024 年 8 月第 1 次印刷
书　　号：ISBN 978-7-5217-6488-8
定　　价：20.00元

出　　品：中信儿童书店
图书策划：好奇岛
策划编辑：潘婧　朱启铭　史曼菲　　特约编辑：孙萌　　责任编辑：程凤
摄　　影：蒋洪涛　王汉琦　乔轶伦　叶明霞　张海波　崔多英　邓晶　朱昊　龚静　赵晋元　杨凌帆　姚昕　李菁
审　　校：邓晶　周娜
营　　销：中信童书营销中心　　封面设计：李然　　内文排版：王莹

为自然留一片希望

北京动物园始建于1906年，曾经叫万牲园，1955年定名为北京动物园，是中国对公众开放最早的动物园和华北地区对公众开放最早的公园，也是中国现代动物园、植物园、博物馆的发祥地。

北京动物园现饲养、展出珍稀野生动物约400种5000余只，其中国家一级保护动物50种300余只，国家二级保护动物60种1000余只。北京动物园是世界上唯一饲养、展示3种金丝猴的动物园，有川金丝猴、滇金丝猴、黔金丝猴。在这里，你可以一睹马鸡家族成员的风采，有褐马鸡、白马鸡、蓝马鸡。还有异常珍贵的天行长臂猿、北白颊长臂猿、黄颊长臂猿、东白眉长臂猿等4种长臂猿。你还可以近距离观赏来自海外的明星动物，如马来貘、长颈鹿等，以及北京的乡土动物——雉鸡、中华斑羚、西伯利亚狍、豹猫等。北京动物园还修建了专门的科普馆，是国内唯一饲养、展示活体昆虫的动物园。

北京动物园发挥着国家动物园的功能，担负着接受、赠送国家礼品动物的饲养和展示的重要使命，集野生动物饲养展示、休闲娱乐、保护教育、科学研究等职能于一身，在易地保护、科研科普等方面取得了丰硕成果，创多项世界第一：1963年9月9日，首只圈养大熊猫成功繁殖；1973年，野牦牛首次繁殖成功；1987年，利用人工授精技术成功繁殖黑颈鹤；1989年，人工饲养朱鹮首次繁殖成功；1992年，首只全人工育幼大熊猫成活；1992年，首次人工育幼秦岭羚牛成活……它们均为国家一级保护动物。

北京动物园拥有我国第一家综合性野生动物医院，建立了首个野生动物组织病理诊断室、血液细胞室、流式细胞仪室，开展野生动物疾病防治和研究，服务国内动物园行业。2014年，获得北京市科学技术委员会支持，创办“圈养野生动物技术北京市重点实验室”，开展野生动物疾病防治技术、辅助繁殖技术、福利和营养研究及生态保护技术研究，并设立了野生动物生物样本资源库，保存着珍稀动物的血液、组织、精液、粪便、羽毛等生物样本，为深入研究提供材料，为自然恢复留一片希望。

北京动物园保留了清代建筑畅观楼、鬯春堂、正门等，有20世纪50年代苏联式建筑狮虎山、河马馆（现马来貘馆）、犀牛馆（现貘科动物馆）、长颈鹿馆，70年代修建的两栖爬行动物馆、长臂猿馆，80年代打造的猩猩馆、金丝猴馆，90年代建造的大熊猫亚运馆、新象馆、犀牛河马馆。北京动物园是中国活的动物园博物馆。

同时，北京动物园有上百年的古松树、古杏树等，湖水相连，绿草如茵，杨柳飘逸，竹木成林，环境十分幽雅。水禽湖里各种鸟儿自由飞翔，动物园特有的鸟类多样性湿地景观中既有园内登记在册的鸟类，也有“编外动物”。每年的鸟类迁徙季节，北京动物园也会成为候鸟们的中途休息场所。

北京动物园历经百年，始终以其宽厚、包容之心守护着园中的生灵，守护着这片历经岁月洗礼仍生机勃勃的天地。如今，在现代动物园的发展之路上，北京动物园不断探索、创新，在保护生物多样性、弘扬生态理念方面发挥着巨大作用，为建设人与自然和谐共生的现代化贡献力量。

北京动物园园长 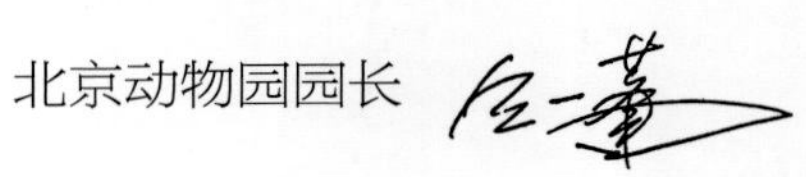

游览地图

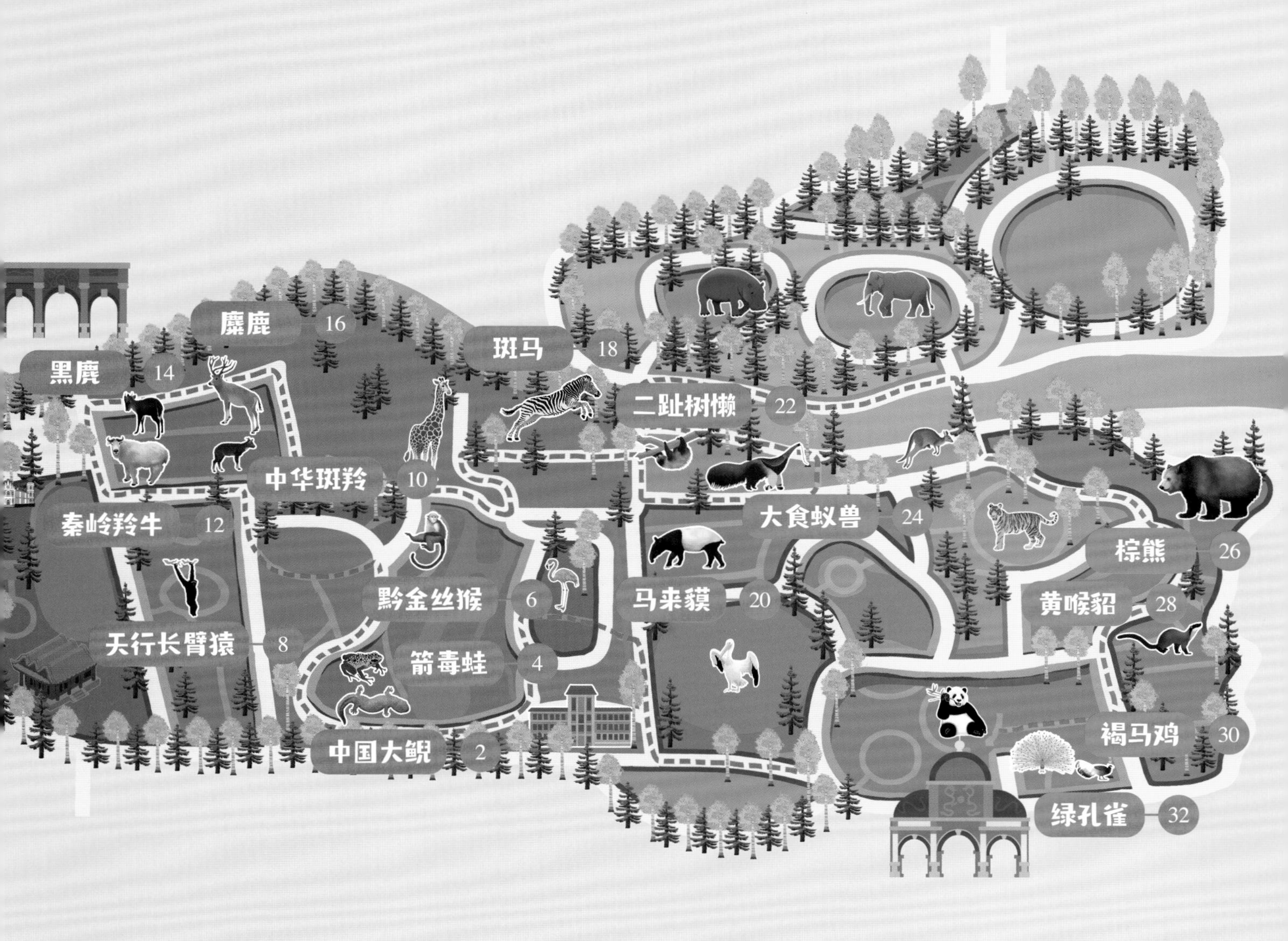

注：此为截至 2023 年 12 月的动物场馆位置及动物状况。
此页出现的数字对应书中动物的页码。

两栖之王

中国大鲵

两栖爬行动物馆

产卵量通常为四五百粒，卵与卵之间以胶状的卵带连接在一起。大鲵是体外受精，受精卵由大鲵爸爸不吃不喝、寸步不离地独自守护，直到幼鲵破卵而出。

你好，我叫虎子。二十几年前，在一次打击野生动物非法贸易中，我被渔政管理人员解救并送到北京动物园安家。我来时体长 60 厘米、体重 3 千克，如今我已是体长 1 米、体重约 7 千克的壮小伙儿了。我们中国大鲵寿命比较长，正常情况下能活五六十岁，有的甚至能活 100 多岁。另外，我们比恐龙出现得还要早呢，是国家二级保护动物。

头扁平而宽阔，眼睛小，没有眼睑，视力不佳。

尾巴侧扁。

颜色和花纹与石块相近，形成了保护色。

身体两侧的皮肤有皱褶，可以扩大与空气接触的面积。

大鲵喜静怕吵，喜阴暗怕强光。参观时不要敲打玻璃，拍照时不要用闪光灯！

前肢 4 指，后肢 5 趾，趾间有微蹼。

娃娃鱼

我们在民间有个亲切、可爱的俗称——娃娃鱼。一种说法是因为我们的四肢及指（趾）短粗、光滑，很像婴儿的手臂，爬起来也有点儿像小孩爬行般憨态可掬。流传更广的一种说法是，因为我们的叫声酷似婴儿啼哭。大家更爱称我们为娃娃鱼，但其实我们并不是鱼，而是世界上现存最大的两栖动物。《山海经》里对我们也有记载："其状如鳑鱼，四足，其音如婴儿……"

独来独往的"夜行侠"

我们是昼伏夜出的夜行侠，喜欢独来独往。我们视力不好，主要通过嗅觉和触觉精准定位猎物。我们是大嘴吃八方的肉食主义者，喜食甲壳类、鱼类、蛙类，以及螺、蚌等，有时连误入水中的蛇、鼠也不放过，成年大鲵甚至会吞食大鲵宝宝。在北京动物园，我们的食物主要是泥鳅和鲫鱼。和我们生活在一起的光唇鱼、白甲鱼、宽鳍鱲、马口鱼等有时也会被我们叨上一口。

长寿的秘密

首先，我们体形虽大，但生长缓慢，据推测，我们野外的伙伴长到 80 厘米至少需要 20 年时间。其次，我们耐饿能力很强，饱餐一顿后几周甚至几个月不吃东西也不会饿死。我们呼吸频率很低，每 15~30 分钟才呼吸一次，心率在每分钟 30 次左右，新陈代谢十分缓慢。最后，我们是变温动物，不需要依靠自身代谢产生能量来维持恒定的体温，环境温度过低时就冬眠，过高时就夏眠。这些身体条件都有利于我们延年益寿！

热带雨林中的宝石

箭毒蛙

两栖爬行动物馆

你好，我是钴蓝箭毒蛙，因印第安人常把我们的毒液涂在箭头上而得名。2021 年，我和小伙伴被非法捕捉、贩卖，在北京被查获，后被安置在北京动物园。我们很快适应了新环境，并在 2022 年成功生下了小宝宝，家庭成员越来越多，听说这是中国动物园首次繁育成活箭毒蛙小宝宝。虽然我们的老家不在中国，但是我们在这里生活得很好，可以让中国的小朋友近距离地观察我们，更好地了解我们，也希望大家多多关注我们的大家族——两栖爬行动物，更好地保护我们共同的地球家园。

与大多数蛙类不同，箭毒蛙是日行性蛙类。不会游泳。

箭毒蛙体形较小，一般长 1.5~6 厘米。

箭毒蛙体色鲜艳，有蓝色、红色、黄色、橙色、绿色等。

成年的雌蛙比雄蛙个头稍大。

趾的末端有像吸盘一样的圆盘，趾间无蹼。

毒素的搬运工

黄带箭毒蛙

我们皮肤分泌的黏液毒性很强，对人和动物的神经系统有很强的破坏作用，最终使其心脏停止跳动。其实我们并不是天生带毒的，身上的毒素来自我们的一些带毒食物，比如热带雨林中的蜘蛛、蚂蚁、甲虫等。我们会把它们的毒素储存在皮肤上的腺体中。不过，离开原生环境，不再捕食毒虫后，我们会慢慢失去毒性。我们在动物园中长期吃人工繁育的果蝇、蟋蟀等，就不会有毒了，但我们仍保留着美丽的外表。

艰辛的成长历程

在雨季，蛙妈妈每次通常会产下 2~15 枚卵。这些卵经过 13~15 天孵化成带尾巴的蝌蚪，蝌蚪进入水中 70~90 天后，长出四肢，尾巴消失，完全变态发育为小蛙。有了“小手小脚”，我们就可以到地面活动了，这时体长一般只有 1 厘米左右，在接下来的 1~2 个月内，我们要靠自己捕食非常小的跳虫等食物成长。我们从一枚卵到一只健康的小蛙，要历经半年时间，而且在任何一天都有夭折的风险，所以我们能长大可以说是非常不容易。

蛙中的好爸爸

我们是一夫一妻制的，在带娃这件事上，分工很明确。蛙妈妈将卵产在积水处，蛙爸爸在周边守护。等到孵化出蝌蚪后，为避免蝌蚪自相残杀，蛙爸爸就将小蝌蚪分别背到“育婴室”——凤梨科植物顶端由叶片组成的“小碗”里，这里有充足的水供蝌蚪生长。小蝌蚪以“小碗”里的昆虫幼虫以及虫卵为食，食物不够的时候，蛙爸爸会通过鸣叫召唤蛙妈妈，蛙妈妈就会在每个“育婴室”分别产下一枚未受精的卵，这颗营养丰富的卵便成为小蝌蚪的理想食物。

“世界独生子”

黔金丝猴

金丝猴馆

你好，我叫阿静，出生于2007年，现在已经是三只小猴的妈妈了。我们黔金丝猴是中国特有的三种金丝猴中最稀有的，人工饲养的数量极少，除了梵净山野生动物救护中心，仅北京动物园有5只。北京动物园也是世界上唯一一家成功繁育川、滇、黔三种金丝猴并展出的动物园。

动作灵活敏捷，跳跃能力很强。

面部灰白或浅蓝色。

尾巴又细又长，很像牛的尾巴，所以也被称为牛尾猴。

生性机敏，对异常响动特别敏感。

生态孤岛中的精灵

我们的数量极为稀少，只有 800 多只，且只生活在犹如孤岛一般的贵州境内武陵山脉的梵净山中，因此被科学家称为“世界独生子”。我们繁殖较慢，一般 3 年才能繁育一胎，在环境压力大的情况下，生育率还会下降。2022 年，在《世界自然保护联盟濒危物种红色名录》中，由濒危（EN）物种升为极危（CR）物种。

黔金丝猴和川金丝猴、滇金丝猴的区别

	黔金丝猴	川金丝猴	滇金丝猴
毛色	毛色为黑褐色，头顶、肩、上臂内侧为金黄色，尾巴尖白色，颈部后侧两肩之间有白色长毛，所以又叫白肩金丝猴	毛色褐黄，头顶、肩、四肢外侧、尾及背部灰黑色，肩、背上的毛很长	毛色灰黑，冠毛黑而长，颈、腹、臀、四肢内侧均为白色
面部	面部浅蓝色	青色	鼻端深蓝色，嘴唇肉粉色
野外种群数量	800 多只（截至 2023 年）	2.5 万只（截至 2021 年）	3800 多只（截至 2021 年）

金丝猴家族

现在，世界上一共有 5 种金丝猴：怒江金丝猴、川金丝猴、滇金丝猴、黔金丝猴、越南金丝猴。除了越南金丝猴，其他 4 种中国都有，均为国家一级保护动物，而川金丝猴、滇金丝猴、黔金丝猴是中国特有的。

森林里的天行者
天行长臂猿

长臂猿馆

前肢明显长于后肢，方便悬挂在树上和在树间荡行。

拇指较短，可以与其他每根手指对握。具有指甲和指纹，每只天行长臂猿的指纹都是独一无二的。

没有尾巴。

你好，我叫眉眉。每天清晨，我都会用高亢嘹亮的歌声唤醒整个北京动物园。我喜欢唱歌，既是在向外界宣示领地的范围，也是在向远方的雌猿展示自己的雄壮。可是，我的同伴们生活在 3000 千米外的云南的亚热带森林中，听不到我的歌声。我们在中国的种群也只剩下了不到 150 只，是濒危珍稀野生动物，也是国家一级保护动物。2003 年，我出生在北京动物园，目前我是唯一一只在动物园展示的天行长臂猿。

雄性与雌性的区别

	雄性	雌性 
毛色	黑褐色	灰褐色
眼部	眉间距较大	眉间距较小，有白眼圈
胡须	棕色或黑色	白色

名字的由来

我们是中国科学家命名的唯一一种类人猿。中山大学范朋飞教授领衔的研究团队给我们起的中文名非常有深意，“天行”二字来源于《周易》中的“天行健，君子以自强不息”。长臂猿自汉代就被引申为君子，也是希望我们能够自强不息，在自然界顽强地生存下去。我们的英文名是 skywalker，形象地描述了我们的树冠生活行为，还与电影《星球大战》中的主角卢克·天行者（Luke Skywalker）同名呢。

树栖生活

我们野外的家在云南省高黎贡山国家级自然保护区（我们也叫高黎贡白眉长臂猿）、铜壁关省级自然保护区，以及周边傈僳族村寨所在的亚热带森林中，是典型的树栖性灵长类动物。我们基本上一辈子都在树上生活，几乎从不下树。我们是一夫一妻制的，一般 10 岁开始生宝宝，而且四五年才能生一胎，每胎通常只生一个宝宝。

艰苦的野外追踪

要想在野外观察一种野生动物，其实是一件非常困难的事情。范朋飞教授和他的团队吃住都在山上。每天，不到凌晨 4 点就得爬起来，找到头天晚上我的野外同伴们的夜宿点，耐心等待它们醒来鸣叫。然后跟着它们翻山越岭觅食、活动，饿了就啃几口面包，渴了喝点儿山泉水。刚开始，我的野外同伴们听到一点儿响动，立马开始在树冠间移动，悠荡几下就消失不见了。范教授等人连饭都吃不上，在向导的带领下跋山涉水，一点点地寻找着它们的蛛丝马迹。功夫不负有心人，几年后，终于有一组家庭适应了范教授等研究人员的存在。通过十年的研究，团队确定这是不同于东白眉长臂猿的一个新物种。

（摄影师：张英军。此图片由云山保护提供）

森林里的攀登健将
中华斑羚

结小群活动，年老雄性通常独居。

雌雄都长有黑色的角，角基有轮纹，雄性的角长一些。

背部有一条深褐色脊纹。

中华斑羚基本都是“独生子女”，很少有双胞胎及以上的情况。

雄性体形明显大于雌性。

你好，我是中华斑羚。我们是北京原生野生动物，也是北京目前唯一的野生牛科动物，是国家二级保护动物。2022 年 11 月 20 日，在国家植物园芍药园区域，调查人员布设的红外相机拍摄到了一只中华斑羚的照片。这是时隔近百年，野生中华斑羚再次现身植物园，是距离市区最近的观测记录。

喉部有一大块淡色斑。

会“飞檐走壁”的精灵

不要羡慕我们能飞檐走壁哟，这可是天生的。首先，我们的蹄子尖尖的，触地面积很小，可以说是有地儿就能站。如果没地儿站，我们也不怕，有缝儿就行，因为我们有两个间距很宽的脚趾，可以直接插进岩壁缝隙，以固定身体。其次，我们的蹄子下面有柔软的肉垫、强健的韧带和敏感的神经，在跳跃时，可以帮助减震和感受岩壁等。最后，我们还长着能够帮助稳定身体和在峭壁上刹车的悬蹄。除了生理特点，我们还掌握了高超的攀岩技巧——侧身行走，就是身体与崖壁平行，这可以让我们在必要时倚靠崖壁保持平衡。

（摄影：野性中国。此图片由视觉中国提供）

斑羚无须飞渡

一篇名叫《斑羚飞渡》的文章中，讲了一群斑羚被猎人逼到了悬崖边上，头羊指挥着斑羚群分成年老、年轻两队，年老斑羚充当年轻斑羚的垫脚石，帮助年轻斑羚飞渡悬崖。不知作家笔下的斑羚是哪种斑羚，但是我们都有“飞檐走壁”的本领，如果在悬崖边遇到危险，不需要飞渡悬崖，我们可以顺着崖壁走到安全的地方，留下目瞪口呆的敌人。

走入宫廷画的青羊

清代著名宫廷画家、意大利传教士郎世宁曾与画师方琮合作画了一幅《青羊图》，里面的主角就是我们啦，因为我们的毛色呈青灰色，所以也被称为青羊。《青羊图》与《火鸡图》一起曾被悬挂于北海画舫斋中，《火鸡图》画的是褐马鸡，很可能褐马鸡和中华斑羚都是被人捕捉进入宫廷供人观赏的，后被画家准确描绘记录下形象，说不定乾隆皇帝当时也很喜欢我们呢。《青羊图》有两幅，郎世宁与方琮所绘的这幅现收藏于台北故宫博物院。

峭壁之王

秦岭羚牛

鹿苑

你好，我叫斌斌。我们与大熊猫、川金丝猴、朱鹮并称为秦岭四宝，都是国家一级保护动物。我们在北京动物园的家，各个房屋的房顶之间用木梯连接，院里有一条通向屋顶的坡道，这样我们就可以沿着坡道上到房顶，跳跃攀缘，继续“峭壁之王”的生活。你来园里参观的时候有可能会看到我们“上房揭瓦”的景象。

肩高于臀。

雄性和雌性都长有较短的角，角尖光滑，从头顶先弯向两侧，然后向后上方扭转，角尖向内。

四肢粗壮像家牛，后肢倾斜像斑鬣狗。蹄子更像羊蹄，有悬蹄，像穿着高跟鞋。

脸像驼鹿，背脊像棕熊。颌下和颈下长着胡须状的长垂毛。吻鼻部为黑色。

秦岭羚牛的宝宝是棕色的。

尾巴像山羊，相对较短，有 15~20 厘米。

峭壁之王

我们生活在高山悬崖地带，从小练就了“飞檐走壁”的本领。成年雄性羚牛身长能达到 1.7 ~ 2.2 米，四肢粗壮有力，前腿比后腿略长，是天生“身长臂长”的攀登高手。我们很粗壮，但很灵活，在野外，我们能跃过 2 米多高的树丛，在近乎 90° 的悬崖峭壁上也能如履平地。

蹭痒神器

在北京动物园的家里，除了有供我们攀爬的栖架，还有自助脱毛器和磨蹄石，自助脱毛器由木桩和 PVC（聚氯乙烯）指压板制成。在野外，我们通过走路就可以磨蹄，通过蹭树干、树枝就可以挠痒痒、梳毛；在圈养环境下，我们就要借助保育员特制的磨蹄石和蹭痒神器——自助脱毛器了。

“秦岭头号凶兽”

我们看起来憨厚老实，但其实有点儿暴躁呢，尤其是“独行客”，极易伤人。说来惭愧，我们秦岭羚牛被称为“秦岭头号凶兽”。据统计，在 1999—2008 年的 10 年间，仅在秦岭山区就发生了 155 起羚牛伤人事件，共造成 184 人受伤，22 人死亡！所以在野外碰到落单的羚牛要特别小心，及时避让，可以立刻爬到高处，或者就地卧倒一动不动。

世界上最神秘的鹿科动物

黑麂

你好，我叫小灵动，出生在北京动物园。我们黑麂刚出生的时候，身上有浅黄色圆形斑点。我们是中国特有的珍贵鹿科动物，是国家一级保护动物。北京动物园的黑麂种群较大，每年都有黑麂宝宝在这里降生。我们在北京动物园的家有土地、干草地、湿草地、落叶地，还有供我们磨蹄子的砖地，让胆小的我们在这里生活得也很惬意。

雄性黑麂有角，有獠牙。

额头上有一簇长长的棕黄色的毛，有时能把雄性的两只短角遮住，所以也被称为蓬头麂。

黑麂脸上有腺体，喜欢在各种地方蹭脑袋，以留下自己的气味做标记。

鼻头湿润是身体健康的表现。

尾巴较长，尾巴下面是白色的，从黑麂身后看，白边很明显。

黑麂擅长游泳。

黑麂有固定的排便的地方。

难觅行踪

在野外，我们的分布范围较小，仅限于江西、浙江、安徽和福建等省海拔 1000 米左右的林地。我们通常在早晨和黄昏时活动，白天则在大树下或石洞中休息，稍有响动就立刻跑入灌木丛中隐藏起来。我们觅食的时候每啃几口青草或树叶就要抬起头来竖着耳朵倾听，一发现可疑迹象，立即逃之夭夭。所以，在野外如果不借助红外相机等设备，很难追踪到我们。

我们的“身份证”

我们长相十分相似，从外观上区分难度很大。北京动物园采用耳缺刻法 + 电子芯片来标识我们谁是谁。耳缺刻法就是在我们耳朵相应的位置剪出缺口，相当于你们人类的身份证号码。剪耳是在麻醉的情况下完成的，我们并不痛苦，耳缺刻法目前也是国际通用的食草动物个体标识方法。

猜猜我是谁

北京动物园采用三位数字给我们标识身份，百位均为 1，所以做了缺省处理，不需要打耳缺。个位和十位采用国际通用的 1247 法则，左耳的 4 个位置分别代表 1、2、4、7，右耳的 4 个位置分别代表 10、20、40、70，把各个耳缺代表的数字相加，就是我们的谱系号。

右图中这只黑麂，将左右耳 4 个缺口位置代表的数字相加，10+40+4+7=61，百位为 1，所以这只黑麂的编号就是 161。

耳缺所代表的数字示意图

神兽四不像
麋鹿

你好，我是麋鹿，是中国特有的珍稀动物，也是国家一级保护动物。我们出现于更新世前期，在中国生活了 200 多万年，最繁盛时数量达到上亿只。然而在 20 世纪末，我们在中华大地绝迹了。全世界仅英国乌邦寺庄园有 18 头，后被逐渐引入其他国家和地区。1956 年和 1973 年，共有 4 对麋鹿来到中国，在北京动物园安家。1985 年，又有 22 头从英国回到北京，其中 20 头当晚就被运至北京南海子麋鹿苑。麋鹿们回到老家可高兴了，有丰富的美食，有美好的家园，很快就建立了多个家庭。

仅雄鹿有角，且有许多叉，每年会换一到两次角，一般 11 月前后大角脱落，新角开始生长。

眶下腺显著。

毛色会随着季节变化而变化：夏毛为红棕色，冬毛为灰棕色。

麋鹿尾巴较长，可以用来驱赶蚊蝇，以适应沼泽湿地。麋鹿还很擅长游泳。

麋鹿宝宝毛色橘黄，身上有白斑。

传说中姜子牙的坐骑

我们角似鹿，蹄似牛，身似驴，头似马，但我们非鹿非牛非驴非马，所以被人们称为四不像，传说姜子牙坐骑的原型就是麋鹿。我们成年后体长可达 2 米多，体重可达 250 千克，但是性情温驯。

一年一度的鹿王争霸赛

每年 5 ~ 7 月，是我们最热闹的日子，因为为了获得母鹿们的芳心，鹿群的雄鹿们将进行多场鹿王争霸赛。参与角逐的雄鹿们两两一组，自由搏斗，获胜者晋级下一轮，经过一轮又一轮的淘汰赛，最终的获胜者就是本群本年度的鹿王。在一个鹿群中，只有鹿王拥有交配权，如果有其他雄鹿觊觎雌鹿，鹿王会毫不客气地将它赶走。当然，在一个区域里，可能会产生多个家族，每个家族都有一个鹿王。在繁殖季，鹿王体重会下降十几甚至几十千克，为种族的繁衍壮大立下了汗马功劳！

麋鹿的消失、回归与复壮

我们曾广泛分布于中国东部地区，然而由于气候变化和人类活动的影响，数量急剧减少。到汉朝末年，野生麋鹿已所剩无几。元朝时，人们捕捉残存的麋鹿运到北方以供游猎，从此，野生麋鹿在自然界绝迹。到 19 世纪，只剩下北京南海子皇家猎苑内饲养的一群。1894 年，永定河泛滥，皇家猎苑围墙被冲垮。圈养的麋鹿四处逃散，有不少被难民猎食，剩余的麋鹿则在 1900 年八国联军入侵北京时被掠走或走失。国内仅剩的最后一只麋鹿于 1920 年死于西郊万牲园。中华人民共和国成立后，麋鹿开始回到祖国。现如今，我们已经遍布 26 个省（自治区、直辖市），种群数量超过 12000 只。

身披条纹大衣的马
斑马

非洲动物区

斑马宝宝身上的条纹是棕白相间的。

鬃毛直立。

身上有黑白相间的条纹，每只斑马的斑纹都是独一无二的。

独居的斑马站着睡觉，群居的斑马会趴着睡觉，有一两只斑马放哨。

斑马的叫声像驴，鼻子是黑色的。

平原斑马腹部也有条纹。

前腿内侧有皮肤角质块，叫附蝉。马腿上也有。

你好，我们是斑马，因身上有起保护作用的斑纹而得名。斑马身上的条纹和你们人类的指纹一样，是独一无二的。现存的斑马有 3 种：山斑马、细纹斑马、平原斑马。在北京动物园生活的是平原斑马。

蹄子不分瓣。

时尚的条纹大衣

在胚胎发育初期，我们是黑褐色的，到了晚期，黑色色素的生成被抑制，才出现了白色条纹，所以可以说我们是长着白色条纹的黑马。至于这些条纹的作用，主要有 4 种观点：1. 保护色；2. 同类之间相互识别的主要标记之一；3. 防止蚊虫叮咬；4. 散热。

我们不能做战马

我们看起来很结实，其实身体素质不如马，耐力也不如马。我们还特别喜欢叫，这样就没办法偷袭敌人军营了。最重要的是，我们特别容易受惊，一有风吹草动，就会立刻跑开。

不要投喂哟

我们是食草动物，在动物园里，我们的食物是有科学配比的：主食是苜蓿、碱草、谷草等青草，约占 70%，再辅以含有各种微量元素的颗粒饲料，有时还会有胡萝卜、白菜、黑豆等。我们的消化过程和人类的不同，体内的微生物种类也不一样，因而人类的食物并不适合我们。游客投喂会使我们患病，而给动物治病可比给人类治病麻烦多了。

丛林里的黑白色伪装者

马来貘

你好，我是马来貘。我的家乡在东南亚，我们是马来西亚赠送给中国的礼物。貘是现存最原始的奇蹄目动物。在中国的古代传说中，貘是一种会食人噩梦的神兽，以梦为食，吞噬梦境，也可以使被吞噬的梦境重现。我们看起来像猪，但马和犀牛才是我们的近亲。

头颈部、四肢和尾巴是黑色的，躯干（除腹部外）及耳朵尖是白色的。

马来貘雌性比雄性大一点儿。

鼻子会伸缩。

马来貘喜欢水，擅长游泳。

貘的尾巴很短，无法驱赶蚊蝇。

5 种貘的体色有较大区别，但貘宝宝们比较相似，身上都有浅色的斑点和条纹，这是它们的保护色。

貘还保持着前肢 4 指、后肢 3 趾的奇蹄目动物的原始特征。

“五不像”

我们是唯一生活在亚洲的貘，也是现存体形最大的貘。如今，中国并没有貘分布，但从化石来看，中国曾有马来貘。中国的第一部词典《尔雅》就有记载：“貘，白豹。”后逐渐演变为“五不像”的说法：貘，鼻似象，非象；目似犀，非犀；尾似牛，非牛；足似虎，非虎；躯似熊，非熊。

中美貘

素食主义者

我们是不折不扣的素食主义者。我们不喜欢强光的刺激，通常在夜间出来活动。我们视力较差，但听觉和嗅觉十分灵敏，在野外主要靠嗅觉觅食，食物以嫩枝叶、野果为主。在北京动物园，我们主要吃苹果、香蕉、西瓜、哈密瓜、窝头、苜蓿颗粒、精饲料、奶粉等，随季节也会有木瓜、白兰瓜、莜麦菜、莴笋等。

貘家族

世界上现存 5 种貘：马来貘、中美貘、南美貘、山貘和卡波马尼貘。现在，北京动物园里生活着两种貘，除了我们马来貘，还有中美貘。中美貘是拉丁美洲现存最大的陆生哺乳动物，体毛呈深棕色或红棕色，背部有一条又长又窄的鬃毛。

世界上最慢的动物之一
二趾树懒

美洲动物区

二趾树懒前肢有二指，后肢有三趾。

有着黑眼圈。头可以转动 270°。

体毛又长又粗，后背的毛向脊背中央生长。

你好，我叫兰卡，出生于 2015 年，我的家乡在南美洲。我是二趾树懒，和电影《疯狂动物城》中的三趾树懒“闪电”都是树懒科的。我们树懒是唯一身上长有植物（地衣）的动物。我们行动缓慢，移动 2 千米需要用时 1 个月。但是我们会游泳，游泳速度比在陆地上的移动速度快得多。

倒挂的绝技

我们喜欢倒挂在树上，可以保持同一姿势数小时。我们的肌肉量比同样体形的其他树栖哺乳动物少，但是肌肉中含有特殊的酶，它使我们的肌肉组织可以耐受大量的乳酸，所以长期倒挂着也不会疲劳。另外，我们的肝和胃是“粘”在肋骨上的，肾是“粘”在臀部骨骼上的，保持倒挂的姿势也不会挤压肺部。我们的毛是从肚皮向身体两侧再向脊背中央生长的，有利于在雨林中倒挂着排水。

下树有危险，如厕需谨慎

我们新陈代谢缓慢，上厕所的次数很少。说起来有些害羞，我们的身体里可以堆积相当于自身重量三分之一的尿液和粪便。我们一生几乎都在树上度过，只有上厕所的时候才会下树。在野外，我们一到两星期才会下到地面方便一次，对于行动迟缓的我们来说，上厕所的时候也是最危险的时刻，可能会遭天敌袭击。在动物园里，我们通常三五天下树方便一次，因为这里很安全。

绿色的隐身衣

我们体表粗糙的被毛下面还有一层短短的、细密的绒毛，虽然柔软，却能抵御中小型食肉动物的抓咬。落到我们毛上的地衣的孢子，便在湿润的环境中大量生长，为我们披上了一身绿衣，让我们能够在绿意浓浓的雨林中很好地隐藏自己。另外，我们身上还有一种和我们互利共生的树懒蛾，树懒蛾越多，我们身上的地衣长得越好。

食蚁专家

大食蚁兽

美洲动物区

你好，我叫除夕，出生于2012年的除夕。小的时候，我经常趴在妈妈美美的背上，现在，我也是一位老者了。我的家乡在中美洲和南美洲，在野外，我们生活在河边、沼泽、潮湿的森林和大草原的低洼地带等。我们喜欢游泳，也喜欢独居。

大食蚁兽前肢与后肢均有五指（趾），前肢第二与第三指上的爪尖最长。

大食蚁兽没有牙齿，舌头可以向嘴外伸出60厘米长。

后肢颜色深，前肢颜色浅。

大食蚁兽用锋利的前爪挖掘蚁穴，然后用细长的舌头舔食蚁类。

尾巴和躯干差不多长，尾巴上有长长的毛。

大食蚁兽妈妈会把孩子背在背上。

蚂蚁的克星

从名字就能看出来，我们大食蚁兽可是动物界鼎鼎有名的食蚁专家，在野外每天要吃掉 3 万多只蚂蚁和白蚁。在动物园里，保育员是无法找到那么多蚂蚁或白蚁给我们吃的，就根据我们日常营养所需特别定制，将鸡蛋、苹果、香蕉、酸奶、木瓜、牛肉、猫粮等原料放入搅拌机里打成半流质状食物，过网细筛后再放入取食器里让我们舔食。

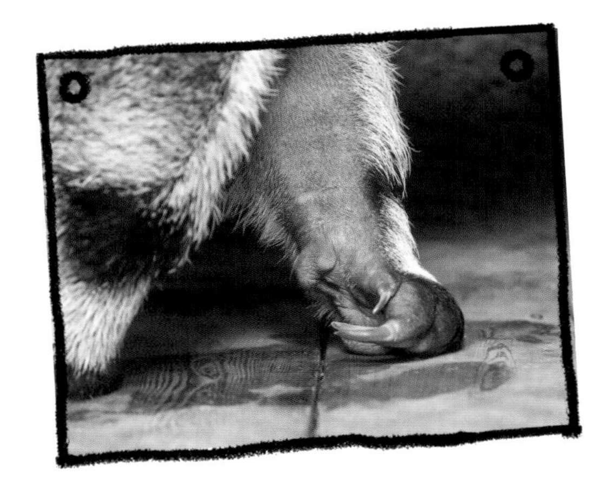

握拳行走

我们走路的时候前爪以指节着地，爪尖收向掌心，看起来就像握着拳头，这是为了保护锋利的爪子，避免因接触地面而磨损，以便把坚固的蚁穴挖开。同时，锋利的前爪也可以帮助我们抵御天敌。别担心，我们向内收拢的爪尖不会扎破自己的手掌。

我爱洗澡

在野外，我们每次饱餐后都会到水中游一会儿，这样能把身上的白蚁赶走。在动物园里，这个习惯也被保留下来，尤其在夏天，我们几乎每天都会洗个澡，把身上沾了一天的灰尘洗掉，晚上才能睡得香。我们也会在水里便便，这是为了掩盖自己的气味，以免被天敌发现。保育员每天都会给水池换上干净的水，让我们开心舒服地游泳与洗澡。

衣食无忧也冬眠
棕熊

你好，我叫灰灰，出生于1998年。我们棕熊是国家二级保护动物。2014年，北京动物园对老熊山进行了改造。新熊山采用国际先进的沉浸式展出方式，模拟我们的野外生存环境，避免了游客随意投喂和对我们正常生活的干扰，让我们有保持天性的空间，把大自然的信息传递给久居都市的人们。

在动物园里也冬眠

虽然在动物园里衣食无忧，但是自从熊山改造之后，我的天性就慢慢恢复了。每年临近立冬，我就开始收集树叶、枯树枝等材料，为自己做窝，一到立冬就进入冬眠，第二年立春准时醒来。我们棕熊冬眠时并不是一睡不起的，而是偶尔会醒来。欢迎大家冬天来看我，找一找我冬眠的水泥管，但是不要拍玻璃打扰我睡觉哟！

不一样的家园

我们和黑熊虽然同属熊科，但是分布地区和生活习性有着明显的不同：黑熊是典型的林栖动物，善于爬树，所以黑熊家有很多高大的栖架供它们攀爬玩耍；而我们更喜欢高山草甸，不善于爬树，所以我们的运动场开阔平坦，还有水池——我们可以去水池里抓活鱼吃，就像我们在野外一样。

万物皆可食

我们是杂食动物，植物性食物和菌类占到了食物的一半以上。植物性食物包括植物的幼嫩部分、苔藓、蜂蜜等，在初秋还会吃各种水果、坚果等。动物性食物主要有昆虫（特别是蚁类）、啮齿类动物、有蹄类动物、鱼类等，也食腐肉。在秋天，蛾的幼虫是我们重要的蛋白质和脂肪来源。准备冬眠的我们会寻找动物性食物，以补充能量增加脂肪厚度。冬眠苏醒时，我们同样需要进食大量肉类以快速补充身体消耗的能量。

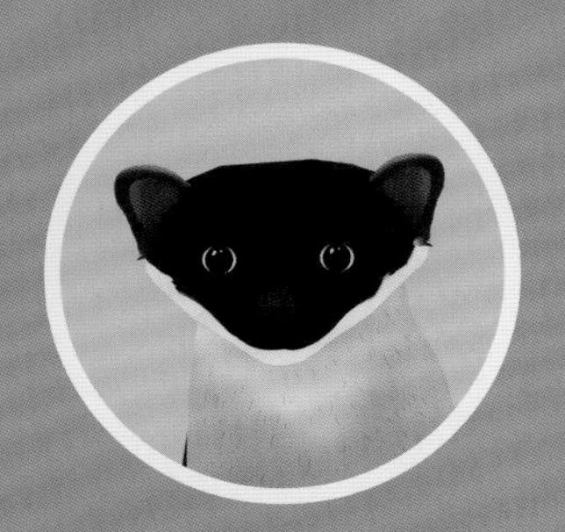

鼬科之狼

黄喉貂

小型哺乳动物区

你好，我是黄喉貂，因前胸部具有明显的黄橙色喉斑而得名，是国家二级保护动物。北京动物园是全国唯一一家展示黄喉貂的城市动物园。我住在小熊猫馆对面，如果你来看我，经常能见到我在运动场中跑上跑下，行动矫捷，好似在跑酷，工作人员称我为“北动永动机”。

头较为尖细，略呈三角形。

脸部和尾巴近乎纯黑色。四川有些地区称之为“两头黑”。

胸部有明显的黄橙色喉斑。

前后肢各有 5 指（趾），爪尖不能收缩。

防御武器有点儿臭

我们有肛腺，可放出臭气驱敌自卫。许多鼬类都用肛腺的分泌物做防御武器。我们也会用肛腺的分泌物、尿和粪便来标记领地。我们依靠发达的嗅觉来寻找猎物和与其他同类交流，当然，视觉和听觉也不错。

以小搏大

我们成年后体长 45~70 厘米，体重 2~3 千克。别看我们体形较小，却是敢于战天斗地的勇士。我们灵活敏捷，有锋利的爪子和牙齿，还会像狼一样“组团”围捕猎物，因此被称为“鼬科之狼”。我们的食物范围很广，体形比我们大得多的猕猴、野猪、毛冠鹿、中华斑羚等都在我们的食谱上。我们喜欢吃蜜蜂和蜂蜜，所以又被称为“蜜狗”。

超强的适应能力

在中国，从南到北，从东到西，从草原到森林，从高山到盆地，从干旱的地方到湿润的地方，都有我们活动的踪迹，可见我们的适应能力很强。北京的远郊区县曾经也有黄喉貂，但由于人类活动对环境的影响，现在那里已经见不到我们的身影了。所以还请多多关注我们，保护本土物种。

雉鸡中的战斗鸡

褐马鸡

你好，我叫花生，因为我特别爱吃花生。但是花生油脂含量高，保育员只会在夏天把它当作给我们进行行为训练时的奖励。我们是中国特有的珍稀鸟类，也是山西省省鸟，是国家一级保护动物。我们分布于山西、河北、陕西，北京也有野外种群。因为我们的尾巴蓬松上翘，当我们在林间疾跑时，远远看去就好像一群奔马，所以我们所在的属被称为马鸡属。

眼睛后面有白色的耳簇。

嘴巴粉红色，眼睛橙黄色至红褐色，脸部鲜红。

翅膀短，有利于在林间穿梭。不善于长距离飞行。

三趾向前，一趾向后，趾甲坚硬，能轻易刨开土层。雄性长有距。

雄鸟尾巴蓬松上翘，末端泛着紫蓝色的金属光泽。

爱打架的战斗鸡

在中国古人的心目中，我们褐马鸡是非常勇武的，被称为“毅鸟”。从战国时期开始，人们便用我们的尾羽装饰武将的帽盔，用以激励将士“直往赴斗，虽死不置”。其实我们打架是为了求偶，在每年的繁殖季，雄鸟常常为争夺配偶而进行殊死搏斗。其间，雄鸟为了显示威风，叫声特别粗重洪亮，几千米外都能隐约听见。雄鸟鸣叫时昂首伸颈，尾羽高高翘起，煞是好看。

我们爱沙浴

我们褐马鸡是爱干净、注意形象的“武将”。我们会用喙梳理羽毛，以使羽毛整洁利落。我们还爱洗澡，不过洗澡的方式和你们人类不一样——在阳光比较好的午后，我们会在沙坑内洗沙浴，让身上沾上沙子，这样在我们抖动翅膀的时候，身上的羽虱、羽虫等寄生虫会随着沙子一起被抖落下来，洗沙浴的时候就是我们休息、放松的时刻。

马鸡家族

马鸡一共有 4 种，主要分布在中国，除了我们褐马鸡，还有白马鸡、蓝马鸡和藏马鸡，它们都是国家二级保护动物。这 4 种马鸡在北京动物园都有展出，对比看看我们外貌上的不同特点吧！

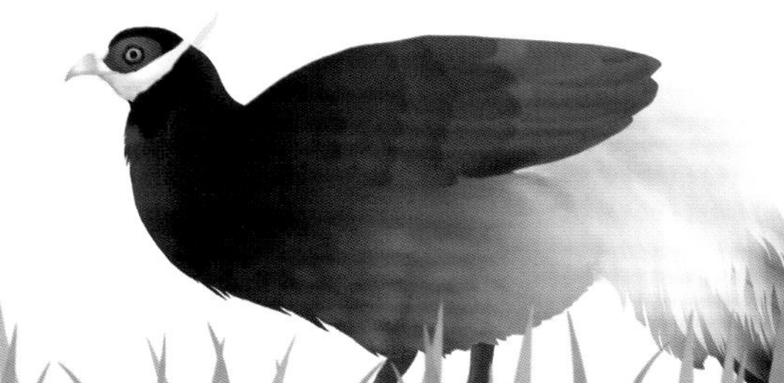

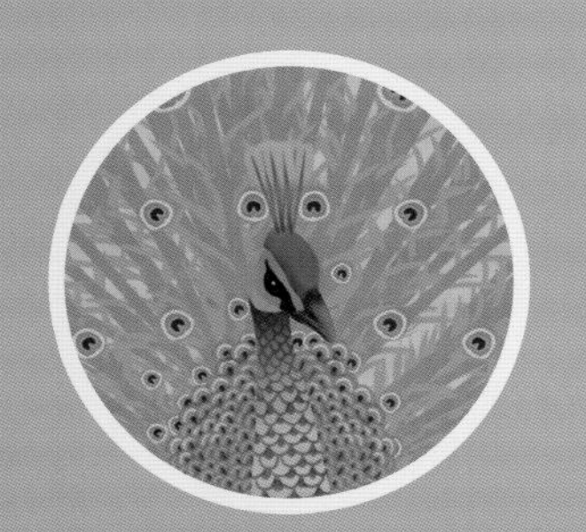

百鸟之王
绿孔雀

你好，我是绿孔雀。我们是现存最大的可飞行鸟类之一，可以长到 3 米长。著名长篇诗作《孔雀东南飞》里的孔雀就是我们绿孔雀。目前绿孔雀野外种群数量不足 600 只，是国家一级保护动物。大家常见的是蓝孔雀，它们并不是中国本土的物种。

绿孔雀与蓝孔雀的区别

	绿孔雀	蓝孔雀
体形	相对较大	比绿孔雀小
腿	相对较长	比绿孔雀短
羽色	以绿色和金色为主	以绿色和蓝色为主
冠羽	羽毛长短不一，呈簇状	每根长度基本相同，呈扇形
脸颊	黄色	白色
颈羽	绿色鳞状	蓝色丝状

祥瑞之鸟

我们绿孔雀是中国现今唯一的本土原生孔雀，敦煌壁画、清代官服、古籍、器物等的上面都有我们的身影。在东方传说中，孔雀是由凤凰孕育的，寓意祥和美好，而且我们外形美丽、体态优雅，深受人们的青睐与喜爱，被誉为百鸟之王、祥瑞之鸟。

生存危机

我们一年一窝产 4 ~ 8 枚卵，孵化出来的小孔雀成活率也不高，即使在人工孵化状态下，一年一窝最多也只能孵化出两三只小孔雀，数量稀少。还请大家保护好我们的栖息地，让我们不致灭绝。

绿孔雀的天敌

在野外，大型猫科、犬科动物是我们潜在的天敌，如虎、豹、狼等。我们绿孔雀生性机警，常常成群活动，时不时抬头察看周围动静，一旦发现危险，就会疾跑进密林里躲避。来不及逃避时，雄孔雀会突然开屏，并不断抖动，这样，尾屏上众多的眼状斑也随之乱动起来，加上沙沙的声响，有助于吓退敌人。我们虽然属于鸟类，但是不擅长飞行，经常在地面活动，晚上在树上栖息。

不让你们从地球消失——物种保护

动物园是野生动物保护的重要基地，始终致力于濒危物种的重引入生物学研究，并为重引入项目提供放归动物。北京动物园为珍稀濒危野生动物的保护做出了重大贡献："国宝"大熊猫、朱鹮在北京动物园实现人工繁育，再重归自然；比两者更稀有的极危物种青头潜鸭的首个人工种群，于 2022 年在北京动物园成功建立，并成功繁殖成活子三代；实现人工繁育丹顶鹤野化放归与追踪；推进黑鹳京津冀保护一体化；首次公布"中国绿孔雀生存现状与保护策略"的研究成果……

北京动物园在大熊猫圈养繁殖史上的世界第一

近 70 年，北京动物园攻克了一个又一个圈养大熊猫繁殖的技术难关，研究解决了大熊猫饲养难、发情难、繁殖难、成活难等问题，取得了八项"世界第一"，获得了多项国家级、市级奖项，为大熊猫易地保护奠定了坚实的技术基础。

1955 年，北京动物园从四川空运回 3 只大熊猫，拉开了北京动物园饲养大熊猫的序幕。
1963 年，首次实现圈养大熊猫自然繁殖成功。
1978 年，首次使用新鲜精液进行人工授精繁殖成功。
1980 年，首次以超低温保存的冷冻精液进行人工授精成功。自此，人工授精成为大熊猫圈养种群数量快速发展的主要手段。
1986 年，编写出版了第一本大熊猫基础研究专著《大熊猫解剖》。
1987 年，实现人工饲养条件下大熊猫的"四世同堂"。
1992 年，首只全人工育幼大熊猫幼崽"永亮"成活。
1995 年，首次用异种动物亚洲黑熊为大熊猫输血成功。
2019 年，编写出版了专著《大熊猫健康管理》。

截至 2023 年 5 月，北京动物园共繁殖了 83 只大熊猫，为大熊猫的易地保护做出了杰出贡献。

从 7 只到 10000 多只，重建朱鹮种群

你好，我是朱鹮平平，出生于 1986 年，我现在年龄相当于人类的 120 岁左右。我在北京动物园一共繁殖了 27 个儿女。我们朱鹮有着鸟中“东方宝石”之称，是国家一级保护动物。然而，我们曾几近灭绝，1981 年在陕西洋县被发现了 7 只。这 7 只朱鹮中的 1 只幼鸟从巢里掉落，被紧急送往北京动物园救助，自此北京动物园开启了朱鹮人工饲养保护之路。前后共有 6 只朱鹮陆续被送到北京动物园，我便是其中的 1 只。1986 年，北京动物园朱鹮人工养殖中心成立，朱鹮的易地保护研究由此发端。

40 多年中，北京动物园先后繁育 70 多只朱鹮，建立了中国第一个朱鹮人工种群。1989 年，创造世界人工饲养朱鹮首次繁殖成功纪录；1990 年，人工育雏朱鹮成功；1992 年，攻克易地保护中饲养、存活和繁殖的三大难关，这是人工饲养、繁殖中的又一重大突破；2000 年，朱鹮在圈养条件下首次自然育雏成功。此后，北京动物园将朱鹮人工繁殖技术推广至陕西洋县等朱鹮自然保护区，促进了朱鹮种群数量的持续增加，为后来人工繁育的朱鹮野化放归提供了技术支撑。现如今，朱鹮的种群数量已过万只。

让鸳鸯在北京安家

你好，我是鸳鸯——中国传统文化中的吉祥鸟，是国家二级保护动物。由于栖息地破坏、人类干扰和非法捕猎等原因，我们的野生种群数量在国内曾一度降至 1500~2000 对。20 世纪 80 年代，在北京地区，我们鸳鸯是罕见的旅鸟，就是只在迁徙季路过北京，未见有繁殖记录。从 2009 年开始，北京动物园鸳鸯保护项目组便通过人工招引、人工繁育和野化放归的方式，连续 10 余年在北京城市公园及周边河湖水域进行鸳鸯野化放归和监测，共计放飞人工育幼的鸳鸯 300 余只，截至 2023 年 1 月，我们在北京地区的野外种群数量已有 700 余只。

北京动物园的百年见证

北京动物园有着近120年的历史与回忆。2006年建园百年之际，北京动物园的前身——清农事试验场，其旧址由市级文物保护单位升格为国家级文物保护单位。在北京动物园正门、畅观楼、鬯春堂、豳风堂等四处也设立了“全国重点文物保护单位”汉白玉标志牌。

北京动物园正门

始建于1906年，大门上部有繁复的砖雕装饰：上有龙形图案；中间的椭圆形区域内镌刻着“农事试验场”五个大字；下部的门头部分刻有从事农事活动的图案，东、西拱门上端分别刻有“日”“月”二字，寓意是“日出而作，日入而息”。

畅观楼

是清朝后期具有独特风格的最后一座皇室郊外行宫，由中国人自己设计，建成于1908年，是北京保存最完整的最早的巴洛克风格建筑文物之一。2015年，畅观楼正式面向游客免费开放，其内是北京动物园的园史展。

鬯春堂

建成于1908年年初，是一座传统的中式建筑。据记载，此处为慈禧太后及光绪皇帝来农事试验场时，随行高级官吏的休憩场所。1912年，中国民主革命家宋教仁曾在此居住过9个月。目前这里已被打造成公共阅读空间，免费对外开放。

豳风堂

豳风取自《诗经》，是十五国风之一。自建成后，豳风堂始终作为公园内一处品茗赏荷之所，后又发展成为餐厅。